Optimización y eficiencia en operaciones de mantenimiento.

Antonio López Antúnez

OPTIMIZACIÓN Y EFICIENCIA EN OPERACIONES DE MANTENIMIENTO

Edición e impresión por Books on Demand GmbH
info@bod.com.es - www. bod.com.es
Impreso en Alemania – Printed in Germany

ISBN: 9788413264318

OPTIMIZACIÓN Y EFICIENCIA EN OPERACIONES DE MANTENIMIENTO.

Una perspectiva teórico-práctica.

ANTONIO LÓPEZ ANTÚNEZ

OPTIMIZACIÓN Y EFICIENCIA EN OPERACIONES DE MANTENIMIENTO

MIXTO
Papel procedente de fuentes responsables
Paper from responsible sources
FSC® C105338

OPTIMIZACIÓN Y EFICIENCIA EN OPERACIONES DE MANTENIMIENTO

OPTIMIZACIÓN Y EFICIENCIA EN OPERACIONES DE MANTENIMIENTO

INDICE

OPTIMIZACIÓN Y EFICIENCIA EN OPERACIONES DE MANTENIMIENTO

INTRODUCCIÓN.

El mantenimiento, como la historia, presenta una serie de etapas diferenciadas a lo largo de los años. Esto es debido a que en cada instalación no funcionará de la misma manera aplicar una serie de técnicas u otras, las cuales se han desarrollado para adaptarse a las necesidades reales del entorno en el que surgen.

En las siguientes hojas se pretende dar un enfoque que permita resumir y aportar algunas ideas esclarecedoras sobre como llevar a cabo una serie de medidas para optimizar las operaciones de mantenimiento. Aunque cada entorno tiene su peculiaridad, se debe de seleccionar la forma de gestión que se considere más idónea, y luego probar con distintos enfoques para valorar aquella que pueda ser más eficiente.

Al final, se podrá comprobar que los procedimientos de trabajo no son específicos de un solo departamento o especialidad, en este caso Mantenimiento. Se tratan más bien de una serie de procedimientos y pautas para crear ciertas rutinas que puedan permitir optimizar actividades laborales aplicables a cualquier entorno. Así que en este caso se complementan con ciertas estrategias adquiridas en distintos entornos laborales y también con diferentes metodologías para conseguir unos resultados óptimos con los recursos y medios disponibles.

En todos los aspectos laborales se suelen poner en práctica unas pautas previas al desarrollo de las actividades. Esto quiere decir que se debe estudiar a fondo el entorno, el cual vamos a trabajar y por tanto tratar aquí.

Primero se debe de conocer el punto de partida, es decir, todo aquello que englobará un proyecto y que deba de ser tratado con especial atención como puede ser la maquinaria, vehículos, herramientas, instalaciones, etc.

Luego, habrá que tratar de identificar todas las actividades que se deban de desarrollar con lo que anteriormente se comentó, o sea, las actividades asociadas a todos estos elementos e instalaciones. Para ello recurriremos, por norma general, a las instrucciones dadas por los fabricantes, a la ingeniería encargada de realizar la puesta en marcha de un proyecto, y a la propia experiencia.

Finalmente, se deberá de atener a un presupuesto que será el que determine realmente las prioridades de actuación y el desarrollo de todas las actividades presentes en el proyecto. Esto hará que los dos pasos previos deban de distribuirse de manera que no afecte a otras actividades, y por supuesto, a ninguna de las pautas.

Por tanto, se puede resumir que para llevar a cabo cualquier operación siempre debemos de tener bien claro los siguientes puntos.

¿QUÉ TENGO?

¿QUÉ QUIERO HACER?

¿QUÉ NECESITO HACER?

¿QUÉ PUEDO HACER?

Parecen unas premisas muy simples pero no del todo es así si no se tiene bien claro lo que cada persona debe de hacer en su puesto de trabajo, y lo que es más, lo que se espera dentro de la empresa de cada persona como parte de un equipo de trabajo:

FUNCIONES DEL PERSONAL INTERVINIENTE.

ENTORNO DE TRABAJO

OBJETIVOS A CORTO, MEDIO Y LARGO PLAZO.

Teniendo esto claro, cada persona podrá empezar a desarrollar un rol mucho más activo dentro de la empresa, lo cual redundará en un aumento de productividad, hecho motivador para describir algunas estrategias que se comentarán más adelante.

Por eso mismo, tanto en el trabajo como en la vida civil, todos sabemos (O creemos saber) lo que tenemos, y a partir de ahí queremos hacer una serie de acciones, las cuales vendrán determinadas y limitadas por, como ya se verá, los presupuestos. Este presupuesto indicará lo que se pueda realizar durante un periodo de tiempo, y por tanto se debe de equilibrar entre lo que se necesita hacer con lo que puedo hacer y aquello que quiero hacer sin ser realmente necesario a corto plazo.

Un indicativo de que todo marcha bien se dará en aquellos casos en los que no existan actividades asociadas con necesidades urgentes, o estas se den en casos puntuales. Esto es así porque determina una correcta programación, con optimización del tiempo empleado y permite sustituir las operaciones urgentes en las que ningún equipo humano pueda estar preparado por aquellas en las que todo está organizado y se lleva paso a paso.

Por ejemplo, se buscará evitar situaciones en las que un imprevisto pueda provocar que un grupo de técnicos deje una actividad laboral, ya iniciada, para dedicarse a otra considerada más urgente no pudiendo terminar con la primera. En este caso, vemos que se debe de dedicar un tiempo a buscar herramientas necesarias para la actividad, hay que emplear un tiempo para desplazamiento (Por poca distancia que exista), y como poco, el tiempo que se haya invertido en la primera actividad hasta que surge la urgencia y esta debe de ser atendida. Entonces, se puede producir un hecho muy común para evitar accidentes como volver a dejar todo como estaba antes de iniciar la actividad. Después de esto, si se desconoce la causa que originó la urgencia, debe de estudiarse dicho caso y valorar el origen del problema y por tanto, qué hará falta, ya sean repuestos o herramientas.

En resumen, se puede apreciar que desde que se origina la urgencia hasta que esta pueda ser subsanada, se producen los siguientes recursos, los cuales podrían optimizarse de una manera más efectiva:

1. Preparación de equipo para la primera actividad.
2. Desplazamiento hasta la primera actividad.
3. Intervención de la primera actividad.

4. No finalizar la actividad, y volverla a dejar en condiciones iniciales.
5. Desplazamiento hasta la actividad surgida como urgente.
6. Valoración de las actuaciones necesarias.
7. Acopio de material y herramientas necesarias.
8. Intervención para subsanar el origen de la urgencia.

Como conclusión, se puede destacar que el hecho de atender una actividad sobrevenida puede hacer que durante una jornada no se haya realizado nada, aunque parezca que se ha solucionado un problema grave para permitir continuar con una actividad empresarial.

Si se observa desde otro punto de vista, con una buena planificación, se podría haber realizado la primera actividad, y en otra jornada la segunda. No obstante, a veces, las urgencias se atienden de tal manera que únicamente sirven de manera temporal haciendo correr el riesgo de volver a provocar otra situación similar. Al ser una situación sobrevenida, es posible que no se disponga del material necesario y se apliquen estrategias momentáneas que se confunden con definitivas, provocando que una actividad programada como la primera, pueda llegar a la situación de carácter urgente en un momento determinado.

Con una programación más exhaustiva se busca invertir jornadas de manera que no descoordine la previsión, y evitar ser engullidos por momentos de estrés, caos e incertidumbre que harán que todo gire en torno al fracaso.

Siempre hay que buscar el camino del éxito. Si no está donde lo queremos, lo construiremos.

1. El mantenimiento en la empresa.

a. Visión General.

El mantenimiento que pueda llevar a cabo una empresa dependerá de muchos factores, entre los que se pueden destacar: financieros, actividad desarrollada, equipo humano asignado, política de empresa, etc.

No tendrá la misma importancia el mantenimiento que deba de realizarse para una central eléctrica de ciclo combinado que el necesario para un bloque de oficinas o el destinado a alumbrado público viario.

Hay que comprender desde el principio cual es el fin de un negocio, es decir, ganar dinero. Por lo tanto, hay que saber administrar bien los recursos para obtener el mayor beneficio en el menor tiempo posible. Y es aquí donde pecan muchos de los directivos encargados de rendir cuentas del proyecto que le asignen, es decir, no saben equilibrar bien los recursos y, una vez que se realiza una acción se producirá una reacción. ¿Pero con qué resultados? Depende de si las decisiones son acertadas o erradas variará para mejor o peor, pero nunca será igual.

Con esto quiero decir que hay que conocer las repercusiones que pueden tener las actividades de mantenimiento sobre una empresa, y si la inversión que se realiza sobre estas actividades repercuten positiva o nulamente sobre el resultado final.

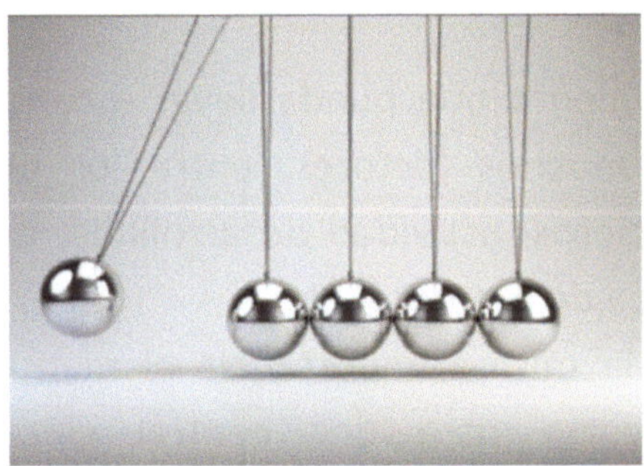

b. Nace un proyecto.

Es muy común, principalmente en las grandes instalaciones industriales, que cuando se inicie un nuevo proyecto, éste venga acompañado con una cantidad de personal (De todos los campos profesionales que desempeñen un rol en el mismo) muy superior al que tendrá en un futuro, y evidentemente, a otros proyectos similares ya implantados en ese momento.

Esto es así ya que, teóricamente, se debe de destinar cierto personal en función de la superficie que ocupa el proyecto y la actividad que se desarrolla en el mismo. No obstante, este cálculo es una media fijada y establecida de manera continua, pues no hace referencia a momentos puntuales de cargas de trabajo o momentos de inactividad (Todo está correcto).

Otra causa de peso es que si la empresa, o más bien el personal asignado al proyecto, es inexperto en el desarrollo del mismo, lo que se hará es un testeo inicial al alza para asegurarse de que puede implantarse de manera estable, y luego reajustarse si es necesario. Hacerlo al revés puede conllevar resultados desastrosos: pérdida de confianza del cliente/accionistas, pérdidas económicas debidas a errores subsanables, etc.

Con el tiempo, a medida que se vayan obteniendo datos, el proyecto también se irá reajustando a unos criterios que vendrán marcados por causas internas y externas: aumento de los dividendos de los accionistas, aumento de los impuestos por parte de la autoridad competente, disminución de ingresos, aumento del gasto general, etc.

Todos estos datos serán determinantes para establecer los presupuestos anuales, tanto a nivel de departamentos como a nivel general. No obstante, el departamento de mantenimiento suele ser la respuesta rápida a la reducción de gasto empresarial ya que suele ser uno de los primeros en sufrir recortes ante el requisito de aumentar beneficios.

c. Desarrollo del proyecto.

Todo proyecto tiene una vida útil. En casos como los pequeños negocios, tipo tienda de barrio, sucede lo mismo al jubilarse el dueño. Es decir, puede traspasarse (Renovarlo) o cerrarla de manera permanente (Eliminarlo).

Para instalaciones de gran envergadura, normalmente se establece una vida útil que servirá de referencia a los inversores al realizar la ronda de financiación y decidirse a arriesgarse. También sirve de garantía en caso de venta, ya que es una manera de asegurar que dicho proyecto estará en activo sin problemas importantes durante la vida útil, permitiendo amortizar la inversión.

En el caso de instalaciones que dispongan de un equipamiento muy variado, hay que conocer la vida útil de todos los equipos que intervienen en el proyecto pues, en caso de que algún equipo falle antes de finalizar su vida útil la empresa pedirá explicaciones, primero al departamento de mantenimiento y luego al fabricante. Esto quiere decir que hay que cumplir con unas condiciones que marca el fabricante y que depende de esas condiciones que el equipo funcione correctamente, y si aun así fallara, la responsabilidad recaería sobre el fabricante debiendo de subsanar dicha incidencia con su garantía. En caso contrario, si no se realizan las condiciones mínimas, el fabricante podrá negarse ya que el equipo no se ha tratado correctamente y está libre de responder con la garantía.

Por todo esto es importante establecer una serie de actuaciones (Tabla 1), periódicas o no, durante la vida útil de los equipos para evitar fallos prematuros que incurrirán en un aumento del gasto de la empresa, y posiblemente también, en una reducción de ingresos si se trata de algún equipo ligado directamente con la función de venta.

REVISIONES PERIÓDICAS			
EQUIPO *(Nombre identificativo)*	**ACTUACIÓN** *(Tipo de intervención)*	**FECHA DE REALIZACIÓN**	**FECHA DE PRÓXIMA REALIZACIÓN**
15LCA10AP001	Cambio de rodamientos.	06/06/2015	06/06/2016 (Sustitución al año o 4000 h de funcionamiento)
15LCA10AP001-M01	Comprobar consumo de intensidad en motor.	21/07/2015	21/01/2016
25PMA01PP001	Revisión por OCA	15/08/2015	15/08/2018
13GXC14TT001	Verificar sonda de temperatura con termómetro patrón.	07/09/2015	07/03/2016
12LXX23AA004	Comprobar conexiones neumáticas de la línea.	14/09/2015	14/10/2015
13HPV02MN002	Verificar parámetros de manómetros en planta con sala de control.	23/10/2015	23/11/2015
14CTT15CE012	Realizar ensayos eléctricos a protecciones de corte por cortocircuito.	05/11/2015	05/11/2016

Tabla 1.

d. Fin del proyecto.

Algunas empresas, cuando el proyecto llega al final de su vida útil, lo que suelen hacer es desprenderse de él, es decir, venderlo. En teoría, tanto el suelo como las instalaciones, y en general todo lo que compone el proyecto, ya se ha recuperado. De esta manera, al realizar este tipo de venta evita tener que hacer una inversión en remodelación, y a la vez obtiene unos ingresos por vender algo que ya ha recuperado previamente.

Vendiendo o no, está claro que hay que sustituir los equipos que se vayan rompiendo, degenerando, o aquellos que sean susceptibles de averiarse y afecten a la producción significativamente en caso de hacerlo.

Invertir en renovar equipamiento implica desembolsar unas cantidades que pueden ser superiores a lo generado en un año por lo que hay que hacer dichas inversiones de manera ajustada y justificada.

Para conseguir esta renovación se suele establecer una lista de todos los equipos que deben de ser sustituidos atendiendo a su prioridad, vida útil y costo (Tabla 2). De esta manera es posible determinar unos gastos mediante un presupuesto anual y así, evitar posibles desviaciones imprevistas que perjudiquen los objetivos establecidos para la actividad comercial. Es decir, estas desviaciones son todas aquellas paradas innecesarias debidas a una obsolescencia de equipos, o un aumento de gasto en material para reparaciones debidas al estado obsoleto, entre otras.

Al tratarse de unas inversiones que se realizarán a medio plazo, por lo general, no necesariamente será un plan definitivo. Es decir, en un primer momento se pueden considerar una serie de necesidades, no obstante, al pasar el tiempo se pueden modificar éstas haciendo variar por completo el plan, obligando a su reajuste de manera esporádica.

Por ello es importante que tanto el equipo, como responsables, sean conocedores del estado en el que se encuentra cada equipo en todo momento, la influencia que tiene cada uno sobre la actividad de la empresa, las repercusiones que pueden provocar en caso de que se produzca alguna incidencia, cuanto tiempo requiere un equipo obsoleto frente a un equipo recién sacado de fábrica, etc.

Teniendo bien claras las cuestiones anteriores, se puede reaccionar rápidamente frente a cualquier cambio de prioridad, sin mayores repercusiones que sobre lo escrito y pudiendo minimizar o evitar en mayor medida cualquier tipo de incidencia que pudiera generar un posible problema.

PLAN DE INVERSIONES					
EQUIPO	**FABRICANTE**	**MODELO**	**INVERSIÓN**	**AÑO**	**PRIORIDAD**
Motor 1			20000 €	2016	1
Motor 2			25000 €	2016	2
Motor 3			24000 €	2017	1
Bomba 1			16000 €	2016	3
Bomba 2			4000 €	2016	4
Bomba 3			12500 €	2017	2
Caldera			73000 €	2018	1
Sistema PCI			34000 €	2017	3

Tabla 2.

2. Análisis de situación

En todo Departamento de Mantenimiento, además de toda la documentación ligada al proyecto (Planos, memoria, etc), debe de existir una base de datos actualizada con todos los equipos que lo componen (Tabla 3).

La base de datos deberá de realizarse en función de las características de los equipos y del tipo de actividad que se va a llevar a cabo en cada uno. Es decir, incorporar aquellos datos que serán relevantes e importantes y evitar los superfluos para evitar perder tiempo.

No es lo mismo disponer de toda la información desde un punto único y centralizado que diseminado a lo largo de varias hectáreas. A veces, invertir algo más de tiempo al principio permite un ahorro sustancial de tiempo durante los años venideros.

Un ejemplo puede ser el siguiente:

ZONA	CÓDIGO	EQUIPO	MARCA	MODELO	AÑO	POTENCIA	TENSION
Sala de máquinas	00MOT1	MOTOR					
Sala de máquinas							
Sala de máquinas							
Sala Eléctrica I							
Sala Eléctrica I							
Sala Eléctrica II							
Sala Eléctrica II							
Estación de bombeo.							
Estación de bombeo.							
Estación de bombeo.							
Sala de baterías.							
Sala de baterías.							
Sala de baterías.							
P.C.I.							
P.C.I.							

Tabla 3.

Con la tabla 3 rellena y actualizada, se puede obtener los datos necesarios rápidamente para sustituir un equipo averiado mientras que en aquellos departamentos que no la tienen, deberán de buscar dichos datos en la documentación del proyecto, o directamente acudir a la ubicación del equipo para obtener datos desde la placa de características del fabricante (Incorporada en el propio equipo). En resumen, se ahorra el tiempo de acudir a la ubicación del equipo, realizar las operaciones para acceder a la placa de características y obtener los datos.

Este listado servirá más adelante para determinar con eficacia y rapidez una serie de funciones muy diversas, como pueden ser:

- Cuantificar la cantidad de equipos que deben de ser revisados para determinar plazos y costes, pudiendo establecer prioridades justificadas.
- Presentar un listado de equipos a empresas externas para recibir ofertas de presupuestos destinados a revisiones periódicas.
- Disponer de información sobre los equipos para poder determinar si estos tienen repuestos en el mercado o por si lo contrario, no disponen de ellos, por lo que representan un riesgo que debe de solventarse.

- Poder determinar el coste que conllevaría la sustitución del equipamiento obsoleto, y poder establecer criterios de actuación y partidas presupuestarias.
- Permite saber, en caso de sustitución de algún equipo, las características técnicas que debe reunir para cumplir con las especificaciones apropiadas aunque sea de otro fabricante y modelo.
- Establecer un criterio sobre los repuestos necesarios.

La tabla 3 podrá confeccionarse según los criterios de los interesados y ajustarse en función de sus necesidades. No existe un criterio común, pero sí una misma lógica, la adquisición de datos útiles de manera precisa y resumida.

Según la envergadura del proyecto puede ser más ventajoso hacer una división del mismo por varias zonas o sistemas, concentrando una serie de equipos que solamente existirán ahí y no tendrán una relación directa con los demás equipos.

En proyectos más pequeños, se suele identificar todos los equipos de manera secuencial sin discriminación del tipo de cometido que puedan tener o su ubicación física dentro del proyecto.

¿CÓMO CREAR UN CÓDIGO?

Según se decida organizar la lista de equipos, así debe de adoptarse el sistema de codificación. En la actualidad, es muy común la codificación en la que se asocia:

- Zona.
- Equipo.
- Nº asignado.

Ejemplo:

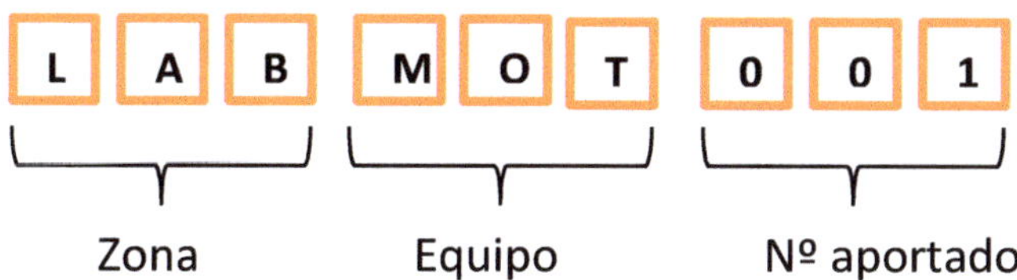

El ejemplo aportado en este caso se refiere a:

Motor 1 del laboratorio.

Si existen más equipos deberán de consignarse tal y como se codifican en las tablas 4 y 5.

CODIFICACIÓN ZONA:

CÓDIGO	**DESCRIPCIÓN**
ADC	Área de descarga
CTR	Centro de transformación
LAB	Laboratorio
SBM	Sala de bombas
SCL	Sala de calderas
SEL	Sala eléctrica
STB	Sala de turbinas

Tabla 4.

CODIFICACIÓN EQUIPO:

CÓDIGO	**DESCRIPCIÓN**
BMB	Bomba
CLD	Caldera
CEL	Cuadro eléctrico
ELT	Termómetro eléctrico
FLT	Filtro
MOT	Motor
PRT	Protección eléctrica
SNP	Sonda de Presión
TRF	Transformador
VAL	Válvula

Tabla 5.

Nº APORTADO AL EQUIPO:

En este caso se asignarán números correlativos en función de que existan equipos iguales ubicados en una misma zona o que realicen una misma función. Siempre se refleja el código con un 1 aunque solo exista un único equipo, y a partir de ahí se incrementa esta asignación.

3. Elaboración de Planes de Mantenimiento.

Con el listado anterior completo, se puede crear una ficha individual de cada equipo en el que se incluyan, además de estos datos, todos aquellos que puedan ser susceptibles de aportar valiosa información (Tabla 6).

También hay que especificar las actividades necesarias que se requiere realizar a cada equipo, por lo que para ello se debe hacer acopio de manuales de operación y mantenimiento, directrices del fabricante y experiencia de personal experto.

Conociendo las revisiones y actuaciones que deba de tener cada equipo, se establecerá una fecha para cada uno de ellos que deberá de seguirse de manera metódica, y por supuesto, registrarla para llevar un seguimiento y control.

En estos planes de mantenimiento podemos incluir una información muy variada y rica sobre cada equipo ya que puede servir como resumen de un Procedimiento de Trabajo. Aquí se pueden incluir datos como los siguientes:

- Identificación.
- Ubicación
- Potencia (Si la tuviera).
- Tensión (Si la tuviera).
- Marca.

- Modelo.
- Año.
- Tipos de mantenimiento (Puede tener diferentes intervenciones).
- Personal interviniente en cada uno de los mantenimientos.
- Herramientas necesarias.
- Equipo de protección asociado a cada actividad.
- Tiempo necesario.
- Consumibles del equipo.

Una vez completas las fichas de todos los equipos se debe de agrupar éstas de manera lógica (Ubicación, electricidad, tiempo, etc) para poder seleccionar aquellas que se asociaran a un mismo plan.

FICHA DE EQUIPO			
	Identificación	15LCA01AP001	
	Ubicación	Sala de bombeo	
	Fabricante		
	Modelo		
CARATERÍSTICAS TÉCNICAS		**MATERIAL.**	
Tensión	400 V	**Rodamiento**	
Potencia	9500 W	**Sello mecánico**	
Intensidad	16 A	**HERRAMIENTAS**	
Cos fi	0.9	Trapo. Extractor. Llaves fijas. Llave inglesa. Termómetro. Destornilladores.	
Rendimiento	90%		
ACTIVIDADES.			
DIARIAS.			
- Inspección visual del equipo. - Comprobar la temperatura del motor. - Comprobar ausencia de ruídos. - Verificar la ausencia de vibraciones. - Inspección de las conexiones existentes.			
SEMANALES.			
- Inspección visual del equipo. - Comprobar la temperatura del motor. - Verificar la ausencia de vibraciones. - Verificar el reapriete de los tornillos. - Inspección de las conexiones existentes. - Limpieza general del equipo.			

MENSUAL.
- Inspección visual del equipo. - Comprobar la temperatura del motor. - Comprobar que la protección eléctrica funciona. - Verificar la ausencia de vibraciones. - Reapretar tornillería de bancada. - Reapriete de las conexiones existentes. - Limpieza general del equipo.
ANUAL
- Sustituir rodamientos. - Sustituir sello mecánico. - Revisión de rotor. - Comprobar resistencia de aislamiento del bobinado del estator. - Comprobar resistencia de aislamiento del bobinado del rotor.

Tabla 6.

Estos planes de mantenimiento pueden llevar asociados a varios equipos de similares características, por lo que se denominan Rutas de Mantenimiento.

Otra forma de elaborar el mantenimiento de los equipos consistirá en elaborar Gamas de Mantenimiento, las cuales recogerán las actividades de un equipo que comprenden una agrupación (Gama eléctrica, gama mecánica, gama electrónica, etc).

Ejemplo para el caso de una gama:

GAMA ELÉCTRICA:

1. Actividades diarias.
    a. Equipos afectados (Identificación de los equipos).
    b. Detalle de las actividades (Describir las actividades que se deben realizar).
2. Actividades semanales.
    a. Equipos afectados (Identificación de los equipos).
    b. Detalle de las actividades (Describir las actividades que se deben realizar).
3. Actividades mensuales
    a. Equipos afectados (Identificación de los equipos).
    b. Detalle de las actividades (Describir las actividades que se deben realizar).
4. Actividades trimestrales.
    a. Equipos afectados (Identificación de los equipos).
    b. Detalle de las actividades (Describir las actividades que se deben realizar).
5. Actividades semestrales.
    a. Equipos afectados (Identificación de los equipos).
    b. Detalle de las actividades (Describir las actividades que se deben realizar).
6. Actividades anuales.
    a. Equipos afectados (Identificación de los equipos).

b. Detalle de las actividades (Describir las actividades que se deben realizar).

Es muy importante, que una vez se elabore todo lo anteriormente descrito, se inicie la confección de Procedimientos de Trabajo asociados a cada actividad establecida en el Plan de Mantenimiento. Normalmente serán actividades de mantenimiento preventivo, por lo que la mayoría de las actividades se centrarán en la adquisición de datos o sustitución de algunas piezas localizadas y sometidas a desgaste.

Pero en el caso del mantenimiento correctivo, es apropiado y necesario, que aunque no esté dentro del Plan de Mantenimiento, se disponga de documentos localizados sobre las averías más usuales de los equipos incluidos en dicho Plan, como por ejemplo en un archivo común o en el Departamento de Mantenimiento (Tabla 7). Así, en caso de que surja un incidente, es muy probable que esté reflejado en este listado y pueda ser solucionado en la mayor brevedad posible.

EQUIPO	AVERÍA	SOLUCIÓN
Sensor de Temperatura	La temperatura es inferior a la real.	Vaina de la sonda no introducida de manera completa. Introducir hasta el final.
		Existe una obstrucción o elementos que hacen de aislamiento sobre la vaina. Limpiar.
		La sonda está estropeada. Sustituir.
	La temperatura es superior a la real.	Vaina introducida de manera errónea. Verificar.
		El rango de medida de la sonda no es el adecuado. Cambiar.
		La sonda está estropeada. Sustituir.
Motor eléctrico	No arranca	Comprobar en bornes que recibe alimentación. Si no

		recibe, comprobar protección disparada.
		Comprobar que todas las conexiones estén apretadas y fijadas.
	Gira lentamente.	Verificar la tensión que recibe. Si es inferior, comprobar la causa.
		Comprobar que no hay una fase suelta. De ser así, volver a conectar.
		Si dispone de condensador, sustituir.
		Comprobar que no exista una obstrucción.
	Se escucha un zumbido pero no gira.	Comprobar que no existe nada que bloquee el rotor.
		Comprobar que no hay una fase suelta. De ser así,

<table>
<tr><td rowspan="8"></td><td rowspan="2"></td><td>volver a conectar.</td></tr>
<tr><td>Si dispone de condensador, sustituir.</td></tr>
<tr><td rowspan="3">Hace ruido al vibrar.</td><td>Comprobar la existencia de cuerpos extraños. Si existen, retirar.</td></tr>
<tr><td>Comprobar los rodamientos. En caso de desgaste, sustituir.</td></tr>
<tr><td>Comprobar que el eje está alineado.</td></tr>
<tr><td rowspan="3">Al arrancar el motor se dispara el interruptor diferencial.</td><td>Comprobar que en bornes no exista agua o humedad que pueda provocar un cortocircuito.</td></tr>
<tr><td>Comprobar que la línea de alimentación no esté seccionada y en común contacto. Sustituir en caso necesario.</td></tr>
<tr><td>Comprobar la</td></tr>
</table>

		continuidad de los bobinados internos. En caso necesario, rebobinar y aislar el bobinado.
		Comprobar que no existe un defecto entre el bobinado y la parte metálica del estator.

Tabla 7.

Lo más común, al realizar el mantenimiento preventivo y las revisiones diarias, es que se tomen una serie de datos a vigilar mediante un "Check-list". Aquí aparecerá un rango en el que se debe de encontrar el valor a vigilar y que debe de registrarse para poder llevar un control de las actividades (Tabla 8).

Este tipo de control servirá para hacer un seguimiento de los equipos y poder determinar su evolución con el tiempo. A medida que se observe una desviación sobre su funcionamiento se podrá establecer un tipo de actuación pertinente para caso, y en otras circunstancias, si se observa un defecto, éste puede ser corregido de manera inmediata.

INSPECCIÓN DIARIA SISTEMA PRECALENTAMIENTO DE AGUA.			
Técnico			
Fecha		**Hora**	
EQUIPO	**ACTIVIDAD**	**VALOR**	**RANGO**
Sonda de temperatura 1.	Comprobar temperatura sonda 1 precalentador.		60 ºC-69 ºC
Sonda de temperatura 2.	Comprobar temperatura sonda 2 precalentador.		60 ºC-69 ºC
Sonda de temperatura 3.	Comprobar temperatura sonda 3 precalentador.		60 ºC-69 ºC
Sonda de temperatura 4.	Comprobar temperatura sonda 4 precalentador.		60 ºC-69 ºC
Sonda de temperatura 5.	Comprobar temperatura sonda 1 caldera		150 ºC-300 ºC
Sonda de temperatura 6.	Comprobar temperatura sonda 2 caldera		150 ºC-300 ºC
Válvula entrada.	Comprobar que la válvula de entrada abre al 100%.		90% - 100%
Válvula de purgado.	Comprobar que la válvula de cierre no		0%

	gotea.		
Presostato 1	Comprobar presión de línea de alimentación		1 bar – 2 bar.
Presostato 2	Comprobar presión de línea de alimentación		1 bar – 2 bar.
Presostato 3	Comprobar presión precalentador.		6 bar – 8 bar
Presostato 4	Comprobar presión precalentador.		6 bar – 8 bar
Presostato 5	Comprobar presión caldera		12 bar – 16 bar
Presostato 6	Comprobar presión caldera		12 bar – 16 bar
Presostato 7	Comprobar presión colector.		15 bar – 16 bar
Presostato 8	Comprobar presión colector		15 bar – 16 bar
Observaciones:			

Firma		Turno	Mañana ☐ Tarde ☐

Tabla 8.

4. Gestión de recursos.

Los recursos en el departamento de mantenimiento deben de ser objeto de especial atención. Cuando se habla de recursos no solamente se hará referencia al presupuesto o a repuestos, también afectará al conjunto de técnicos que conformen el mismo. No hay que olvidar que sin este equipo humano, sería casi imposible acometer muchas actividades aunque dispusiéramos de las herramientas y los equipos necesarios pues son especialistas en áreas en las que no todo el personal de la misma empresa puede desempeñar correctamente su labor.

Cada año se asigna una partida presupuestaria en el departamento de mantenimiento para que se distribuya de la manera más equitativa y "ajustada" a todas las áreas que son de su responsabilidad.

Suele ser muy típico dividir esta partida en 12 cantidades equitativas para distribuir sobre cada uno de los meses, y así poder observar desviaciones presupuestarias y poder actuar en consecuencia para evitar un exceso de gasto de dicho presupuesto.

Dentro de esta partida anual se tiene en cuenta los siguientes gastos:

- GASTOS FIJOS.
- GASTOS VARIABLES.

GASTOS FIJOS.

En este apartado se incluirán todos aquellos necesarios para poder hacer que el departamento actúe con cierta autonomía:

- Sueldos de la plantilla.
- Contratos con empresas externas.
  En ciertas ocasiones no todo el trabajo podrá ser ejecutado por la plantilla.
- Auditorías que pueda haber contratadas.
- Inspecciones periódicas que deban de realizarse.
- Luz (Si procede).
- Agua (Si procede).
- Gas (Si procede).

GASTOS VARIABLES.

En este apartado se irán añadiendo todos aquellos gastos que vayan produciéndose durante el desempeño de la actividad y que son necesarios para la continuidad de la misma. Principalmente se centra en componentes de los equipos y material de taller:

- Herramientas.
- Repuestos y/o componentes de equipos o máquinas.

- Grasa.
- Aceite.
- Rodamientos.
- Filtrina.
- Pintura.
- Cable eléctrico.
- Bombillas.
- Repuestos varios (Tornillería, tacos, bridas).
- Cursos para formación de la plantilla.

También se incluirán pagos que se puedan realizar a empresas externas en casos excepcionales, como puede ser "Rebobinar motor eléctrico", "Izado de torre de telecomunicaciones", entre otras, pero que se realizan de una manera muy puntual por algún hecho concreto.

Para llevar a cabo un buen control sobre éste presupuesto será necesario seguir los siguientes pasos:

1. Conocer.
2. Planificar.
3. Actuar.
4. Revisar.

CONOCER.

Antes de decidir lo que se debe de realizar debemos de conocer qué equipos tenemos bajo nuestra responsabilidad y estudiarlos.

Si no se tiene una base de datos previa, o aún no se ha realizado una como la especificada en el punto 2, éste sería un buen momento (Tabla 3).

Con todos los equipos localizados, se debe conocer los siguientes datos:

- Año.
- Necesidad de que sea revisado por algún agente externo de la empresa (Por ejemplo: Organismo de Control Autorizado).
- Tareas que le son aplicables.
- Elementos que requieren ser sustituidos.
- Tiempo de intervención.
- Última activad realizada y fecha de realización.

PLANIFICAR.

Conociendo los datos anteriores podremos empezar a planificar (Tabla 9) las intervenciones en los diferentes equipos de una manera que no desbarajuste nuestro presupuesto. Para ello, se calculará el coste de cada actividad que se deba de realizar junto con el tiempo y el personal invertido.

Una vez obtenidos los datos se debe de ir distribuyendo sobre un calendario de manera que todos los días queden cubiertos, y todas las actividades repartidas. Aunque lo más importante es que el gasto producido en el conjunto de tareas mensuales no debe de superar la previsión presupuestaria fijada.

Se hace referencia aquí a que no superar los límites fijados es lo más importante ya que será la eterna batalla perdida contra la dirección, la cual estará también asfixiada por el grupo de accionistas que demandará menos gastos para un mayor reparto de beneficios.

Esto no quiere decir que no se pueda hacer, ya que existen causas mayores que obligan a realizar un reajuste por distintas cuestiones. Siempre y cuando sean causas fortuitas y se justifiquen coherentemente, estará dentro de lo común.

ACTUAR.

Con la planificación establecida (Tabla 9), llegó el momento de ejecutarla. Según el sector al que se dedique la empresa, el personal disponible y la experiencia directiva, ésta planificación se verá en mayor o menor medida favorecida.

Es de lógica pensar que la demora en una actividad hará cada vez más complicada su inclusión en la planificación, pudiendo arrastrar más actividades, e incluso que ésta demora provoque un aumento en el tiempo de intervención en un futuro por posible complicaciones.

Para evitar lo anterior, es preferible establecer un tiempo de margen de seguridad en las actividades, de manera que unas compensen las otras. En caso de que no exista posibilidad, también existe la opción de subcontratar un servicio externo para no perturbar la programación.

Por regla general, cada actividad realizada lleva las siguientes pautas:

- Indicar la fecha de realización.
- Indicar quién la realizó.
- Indicar tiempo de ejecución.
- Indicar material empleado.
- Indicar próxima fecha de actuación si procede.
- Indicar "Observaciones" si procede.

PLANIFICACIÓN DE ACTIVIDADES.				
Actividad	**Fecha de inicio**	**Fecha de finalización**	**Técnico**	**Tiempo estimado**
Cambiar filtros de aire AA.1	26/03/20	26/03/20	FPM	2 H
	Observaciones/Material empleado:			
Reparar fuga de vapor caldera 2	28/03/20	29/03/20	LFH	12 H
	Observaciones/Material empleado:			
	Observaciones/Material empleado:			
	Observaciones/Material empleado:			
	Observaciones/Material empleado:			
	Observaciones/Material empleado:			
	Observaciones/Material empleado:			

Tabla 9.

REVISAR.

A medida que se vayan ejecutando las actividades es muy importante no sólo revisar las mismas, sino aquellas que están pendientes de ser revisadas, ya sean por su inmediatez o importancia funcional.

La revisión de todas estas actividades permitirá tener mayor información, y por lo tanto, margen de maniobra en caso de que aparezcan inconvenientes de última hora. Algunas ventajas son:

- Determinar con mayor exactitud:
  - Tiempo de ejecución.
  - Costo del material empleado.
  - Herramientas necesarias.
- Poder modificar prioridad de actuación en las actividades futuras.
- Conocer la eficacia y las destrezas de los técnicos implicados.
- Permite conocer la vida útil restante del equipo.

Una vez revisada la actividad realizada, es muy recomendable tomar anotaciones de todo lo desarrollado, tanto si surgen contratiempos como si no (En este caso es más importante) y adjuntarlo en la ficha del equipo.

OPTIMIZACIÓN Y EFICIENCIA EN OPERACIONES DE MANTENIMIENTO

Con la información anteriormente señalada se procederá a planificar las siguientes actividades, corrigiendo todas aquellas desviaciones que podamos haber observado, como por ejemplo, margen de error, y de esa manera optimizar el tiempo y material empleado.

5. Prevención de Riesgos Laborales.

A priori, es responsabilidad del empresario (O responsable designado por éste) de proporcionar la información y medios necesarios para proteger al trabajador de todos los riesgos inherentes al puesto de trabajo. Así mismo, la ley hace responsable al trabajador de hacer un buen uso de los medios empleados para prevenir los riesgos asociados a su puesto de trabajo, además de emplearlos cuando sea necesario.

En función del tamaño de la empresa, podrá existir técnico de Prevención de Riesgos Laborales, Recurso Preventivo, etc. Pero ello son cuestiones regidas por ley.

Debe de quedar bien claro, y registrado, el tipo de intervenciones que puede realizar cada técnico, para en consecuencia poder asignarlo a las actividades pertinentes. De la misma manera, es conveniente reflejar los riesgos que llevan aparejadas las actividades, y por tanto, los medios necesarios para prevenirlos.

También se debe de prestar especial atención al entorno donde se desarrollará cada actividad ya que el mismo puede representar ciertos riesgos que deben mitigarse siempre con su debida atención. Un ejemplo muy típico es el de recubrir con gomaespuma aquellos salientes que se encuentren en el camino de tránsito para así evitar cualquier golpe fortuito.

De la misma manera se debe de establecer una planificación para la revisión del equipo que conforma los EPI (Equipos de Protección Individual) como en la tabla 10, para así determinar si cumple con la normativa o debe de sustituirse. Además, existen otros EPI que deben de pasar una revisión periódica, o directamente deben de ser sustituidos cada cierto tiempo o después de un cierto uso o desperfecto.

E.P.I.	Ubicación	Acción	Fecha
Casco	Vestuarios	Sustituir	Xx/xx/xx
Guantes	Vestuario	Sustituir	Xx/xx/xx
Gafas	Vestuario	Sustituir	Xx/xx/xx
Arnes	Taller	Sustituir	Xx/xx/xx
Escaleras	Taller	Sustituir	Xx/xx/xx

Tabla 10.

Toda esta información puede ser registrada y empleada como referencia para llevar a cabo dichas revisiones de una manera eficiente.

Por último, cada EPI debe de disponer de su manual de instrucciones así como de su Certificado de Calidad. Todo ello debe de guardarse como prueba ante una posible inspección o requerimiento por parte de la Autoridad Competente ante cualquier incidente.

DECLARACIÓN CE DE CONFORMIDAD

El abajo firmante, en representación de la empresa:
Nombre de la empresa o del representante legal autorizado en el EEE
Dirección completa ....

DECLARA QUE:

El producto: *descripción/identificación del producto (tipo, clasificación, modelo, uso, etc...)*
Cumple con............................

Condiciones particulares aplicables a la utilización del producto (si procede).

(En la Declaración CE no es necesario que se incluyan las características declaradas en el Marcado CE), pero es aconsejable cuando se elija la opción de no realizar el Marcado o etiquetado CE).

LUGAR/OBRA en la que se instala el producto: ....

USO PREVISTO: ....

Nombre y cargo del firmante
De la declaración,

FIRMA

FECHA: XX/YY/ZZZZ

6. El equipo humano.

Dentro de toda organización se encuentra el elemento más importante, y evidentemente indispensable: un equipo humano.

No todos los equipos que se formen para gestionar un proyecto tendrán las mismas características y cualidades. Cada equipo debe de ajustarse al proyecto en cuestión que se quiera llevar a cabo y por tanto, disponer del personal necesario, con la formación y experiencia propias, para llegar a tal fin.

Para conocer de antemano qué tipo de equipo se precisa crear para poder acometer con éxito un proyecto, se debe de contar con una idea clara de, al menos, los siguientes puntos:

- Actividad laboral de la empresa.
- Equipos e instalaciones incluidos en el proyecto.
- Una idea general sobre las actividades esenciales.
- Presupuesto del departamento.

Teniendo en cuenta esos puntos, se puede hacer una idea general sobre las necesidades que se deben de cubrir, y en consecuencia, iniciar una búsqueda del personal cualificado que sea capaz de acometer dichas necesidades.

El perfil idóneo para cada punto se puede establecer de la siguiente manera:

Actividad laboral de la empresa.

No todas las empresas realizan los mismos bienes o servicios como actividad laboral, por lo que la perspectiva de futuro y su objetivo son bien distintos. Esto es determinante a la hora de seleccionar personal para formar un equipo de trabajo, ya que se puede tomar en consideración:

- Los empleados deben de disponer de una formación teórica apropiada para el desarrollo de la actividad.
- El empleado puede tener una experiencia laboral similar a la que se desarrolle en la empresa, ya que eso puede permitir continuar la actividad laboral con el objetivo previsto con el mínimo retraso posible.
- El empleado buscado debe de tener un perfil sin experiencia para poder amoldarlo a las "rutinas" de la empresa o al estilo corporativo del mismo. Esto se suele dar para evitar errores producidos por distintas metodologías o procedimientos de trabajo adquiridos en puestos de trabajo previos.
- A veces, es conveniente buscar un perfil que no necesariamente esté relacionado con la actividad de la empresa, pero que disponga de las capacidades

necesarias para un futuro proyecto que se lleve a cabo e ir formándolo mientras se prepara el mismo.

Equipos e instalaciones incluidos en el proyecto.

- Se buscarán nuevos empleados que tengan experiencia laboral en entornos similares al que se intenta desarrollar ya que estos son específicos y poco comunes. Por ejemplo: entornos relacionados con la energía nuclear, actividades relacionadas con la energía eólica, actividades ferroviarias, etc.
- Se buscarán perfiles con una formación específica para poder incorporarlos al proyecto, ya que adquirir los conocimientos precisos requiere haber realizado una formación previa. Por ejemplo: máster en Prevención de Riesgos Laborales, Máster en Ingeniería Biomédica, Curso para la retirada de material contaminado, etc.
- Otro perfil muy demandado es el de aquellos empleados que han realizado una formación propia sobre unos equipos específicos. Por ejemplo: mecánicos de turbinas de vapor de un fabricante específico (Última generación), conductores de tren, técnicos de mantenimiento de plataformas petrolíferas, etc.

- Si los equipos y/ o las instalaciones son cambiantes por necesidades laborales se buscarán perfiles que sean capaces de adaptarse al cambio de manera constante, eficiente y ágilmente.

Una idea general sobre las actividades esenciales.

- A veces, el puesto de trabajo requiere que los empleados realicen actividades no contempladas de manera contractual por lo que se requiere que el perfil buscado sea versátil.
- Una característica que debe de reunir un nuevo empleado a la hora de ocupar un puesto de este tipo puede ser sus capacidades personales. Puede buscarse un perfil que trabaje en equipo para mantener un ambiente laboral agradable. También se puede buscar a una persona que trabaje mejor individualmente por necesidades del puesto y evitar la fuga de los empleados. Otro perfil buscado puede ser el de una persona extrovertida, etc.
- Un perfil que se suele buscar para ciertas actividades esenciales es el de un empleado que disponga de disponibilidad horaria. En ocasiones, es esencial mantener ciertas actividades a un ritmo 24/365.
- Otro perfil muy demandado, y a la vez muy específico, es el de un empleado que disponga de

dotes de mando. No solo es necesario saber cómo desarrollar la actividad laboral sino ser capaz de inspirar a otros para hacerlo.

Presupuesto del departamento.

- En función del presupuesto del departamento, se debe de equilibrar los gastos relacionados con la plantilla y el resto de gastos necesarios para desarrollar una correcta actividad laboral.
- Si las actividades son muy específicas pero no se realizan con una periodicidad frecuente, es posible que resulte conveniente externalizar la actividad, ya que el gasto que comporta un empleado en plantilla más formado para llevarla a cabo puede ser superior.
- En ciertos departamentos, las actividades a desarrollar son muy diferentes y tienen una carga de trabajo muy variable en diferentes periodos del año. Esto se suele solventar añadiendo personal extra en momentos de mayor carga de trabajo para completar con éxito las actividades. Así se consigue ahorrar un gasto no considerado necesario en ciertos periodos pero representa el inconveniente de disponer de personal menos preparado o más cambiante.

7. Supervisión y verificación.

Unas de las labores más importantes, pero desgraciadamente no tan ejecutadas como debieran serlo.

La supervisión es una actividad muy importante en la ejecución de tareas más técnicas ya que supone, en cualquier caso, conocer todo el proceso que se debe de desarrollar, además de otras no menos importantes. Con esta función, un supervisor puede conseguir controlar el desarrollo de tareas, evitando durante todo el proceso de las mismas que cualquier desviación pueda provocar pérdidas de tiempo y/o tiempos muertos, consiguiendo un ahorro de dinero sustancial. La supervisión, por tanto, consiste en conocer en todo momento lo que se debe hacer (Plan de trabajo) y por ende, cómo se está ejecutando. Así, si durante la supervisión se detecta un error, este se corrige para evitar seguir dedicando tiempo a algo que terminará mal.

En el caso de la verificación ocurre prácticamente lo mismo que con la supervisión, aunque es una de las funciones que sí suelen realizarse comúnmente. Con esta función se consigue determinar que una tarea se ha desarrollado correctamente comprobando que reúne todos los criterios fijados previamente.

La diferencia de la verificación con respecto a la supervisión reside en el momento en el que se lleva a cabo y las acciones que deben de realizarse. Mientras que en la supervisión, quien se encarga de realizarla suele ser una persona con contrastada experiencia y que continuamente vela por el buen desarrollo del procedimiento de trabajo, para la verificación de una tarea no suele ser así. Puede verificarse por cualquier persona capacitada a ejecutar la tarea al finalizarla, ya que con una mera lista de funciones se puede comprobar si una actividad cumple con los requisitos exigidos, o no.